U0163123

L'UNIVERS

CRÉATIVITÉ COSMIQUE ET ARTISTIQUE

图文小百科

宇 宙

[法] 于贝尔·雷弗　　编
[法] 达尼埃尔·卡萨纳韦　绘

王晨雪　译

中国友谊出版公司

前　言

智者的声音

　　科学哲学学者让-雅克·萨洛蒙[1]私下里总是说：现如今，真正的学者越来越稀有，有一天甚至可能消失。说这话的时候，他的目光中不无狡黠之色。事实上，那些学者已被"专业人士"取代，后者也被他称为"科学专家"。萨洛蒙极其尊崇学者。他认为，如今"科学专家"的人数已达历史最高，这一群体对世界命运的影响力也是前所未有的大，而那些真正的智者和运用其智慧思考科学及整个世界的大科学家却不够多。当然，还有爱因斯坦、西拉德、查戈夫、奥本海默等一位位声名显赫的科学家，他们也是，甚至首先是伟大的智者和无可置疑的哲学家，萨洛蒙对他们推崇备至。

　　萨洛蒙所说的现象，于贝尔·雷弗在 20 世纪 50 年代就已经痛心地观察到了。那时候，他还只是个年轻的实验员，在魁北克亚北极地区一个叫作本特溪的军事科学营地工作。他工作的地点紧挨着拉布拉多半岛，所谓的化学实验室也不过是搭在一望无际的冰原上的一个小窝棚。正是在那里，他意识到了一个毋庸置疑的可悲事实：在本特溪，科学是为工业和利润服务的。

　　这也许从一定程度上解释了为什么于贝尔·雷弗待人如此热情真诚。和他在一起时，我们深深体会到他就是一位智者。因为在我们的印象里，他从没有忽略过形而上的或者道德、伦理的重大问题。他不是一名普通的天体物理学家，在我们眼中，他更像是一个渴求答案的外行人。因此，我们喜爱他、尊敬他，更愿意倾听他。他就是指引我们的那个声音，带领我们思考那些最为复杂的命题：为什么会"有"一些东西而不是"无"？大自然是否冥冥之中有一个计划？人是否能适应自己？

一张照片，映照人生

于贝尔·雷弗总是随身携带一张黑白照片，那是 20 世纪 40 年代还是孩子时的他拍摄的。照片中，一条泥土小道在灌木丛中蜿蜒前伸，没入斑驳的树影，最终消失在无尽的黑暗里。让于贝尔·雷弗着迷的是这条小路的去向：它通向哪里？那里有什么？眼睛看不见的地方发生了什么事？

于贝尔·雷弗将目光转向天穹，以探索他曾经无法看到的答案。如果说照片上消失在树影中的小路是他探索的动力来源，那么其普通亲切的自然景色也贴合他近来的关注点：生态与环境。因为多年以来，于贝尔·雷弗不断将目光伸向天空更远处，但也同样意识到不能忽略地面上发生的事情。因此，从 2000 年起，他开始关注环境恶化问题。从 2001 年至 2015 年 3 月，他担任人类与生物多样性协会名誉主席，以学者的身份积极宣传保护生命及生物多样性。

艺术家与世界：追寻柏格森的步伐

一百多年前，哲学家亨利·柏格森就指出，在他看来，知识学说与生命学说似乎本就是不可分割的，而本书的副标题《宇宙与艺术创造》[2] 的言下之意恰恰与此说相呼应。于贝尔·雷弗将大自然的创造过程和艺术家与创作冲动之间的关系做了许多对比，这与柏格森 1907 年的名著《创造进化论》有异曲同工之妙。事实上，亨利·柏格森曾对此做过大量的论述，他提出了称为**"生命冲动"**的概念（这种普遍原则蕴藏在所有物质生成之初并主宰其发展），却没有提及造物主的存在。这一巧合真是妙不可言：一位 20 世纪初的伟大哲学家的直觉竟与一位毕生研究太阳系及宇宙化学物质起源的天体物理学家的结论如此契合。柏格森在《创造进化论》

中有一个经典段落，用面对空白画布的画家这一意象来表达他对"生命冲动"的直觉："一幅完成的肖像取决于模特的特征、画家的天性以及在调色板上搅在一起的颜料。然而，即使了解了这些决定因素，任何人，包括画家本人，也不可能准确地预见画作完成的样子，因为要预见这幅画作，就得在它被画完之前把它画出来，而这本身就是个自相矛盾的荒谬假定。对于我们生命中的、应由我们去描绘的一个个瞬间，情形更是如此。每一个瞬间都是一件艺术创作。画家才能的成熟与退化，只受其作品的影响。同理，我们的每个状态，在其存在的那个瞬间，就在改变着我们的自身，因为那是我们刚刚为自己设立的新形态。因此可以说我们的所作所为取决于我们是什么样的人，不过，还需要补充的是：从某种意义上说，我们的所作所为也造就了我们本身，我们在不断地创造新的自我。[3]"

在本书中，于贝尔·雷弗也像柏格森一样用艺术创作打比方，让我们明白上帝为什么不是唯一的宇宙建筑师——不论他会不会掷骰子[4]。

完美的组合

我还想简单介绍一下本书的绘者达尼埃尔·卡萨纳韦，他简直就是上天派来的。我们未曾奢望能有人将于贝尔·雷弗的语气和意图如此贴切地表达出来，而达尼埃尔的绘画与构图做到了。这也许并不是偶然，毕竟达尼埃尔自小师从绘画大家乔治·贝维尔（1902—1982），在不断地临摹其画作的过程中爱上了绘画。1935 年的一天，贝维尔被国防部任命为官方天文画家，从此以后，这位画家（可惜如今几乎被人遗忘了）总是在自己的签名中加上一颗星星。2000 年，在第一批著作获得成功之后，达尼埃尔将同一颗星星加在了自己的签名中。二人隔着时空眨了下眼，这颗星顿增诗意……

达维德·范德默伦
比利时漫画家，《图文小百科》系列主编

注　释

1　让 - 雅克·萨洛蒙（1929—2008）是法国最有威望的科学哲学家之一，他致力于探讨由科学与军事的关系引发的伦理问题。

2　本系列法语版图书均有副书名，中文版将之体现在封底文案中。——编者注

3　亨利·柏格森，《创造进化论》，Félix Alcan 出版社，1907 年版，第 7 页。

4　爱因斯坦向教徒们保证他的相对论并不排除上帝的存在，人类破解的大自然秘密越多，就越是尊敬上帝。

我们在阅读心爱的艺术家（无论他们是音乐家、画家，还是诗人）的传记时，经常会发现一个惊人的事实——

这些艺术家中有许多人是在极其艰难的环境下进行创作的。

贝多芬晚年双耳失聪，以至于连自己创作的《第九交响曲》的重音都听不见。

凡·高的精神状态急剧恶化。

伦勃朗负债累累。

可是为什么您在如此艰难的环境下仍要坚持创作呢？

因为我别无选择。假如停止绘画，我便感觉自己虽生犹死。

我为了活着而创作。

今天，已知的知识使我们
可以对这些艺术家的行为
给出有趣的解释。

这不是说要解释艺术（艺术不需
要解释：它的存在就是自身最好
的诠释！），

而是从一个全新的视角
去看待这种创作行为。

亚里士多德的宇宙论曾主导西方宇宙观近两千年，这位哲学家断言宇宙是永恒不变的。他认为：

宇宙一直存在，并将永远存在。

总的看来，万物永恒不变，宇宙是静止的。

到 20 世纪初，随着大型天文望远镜的诞生以及爱德文·哈勃的新发现，我们才认识到先贤的论断是错误的。

宇宙并非静止的，而是处于剧烈的变化中。

宇宙不断膨胀，它有自己的历史。

宇宙诞生于大约 140 亿年前。

这是当代科学最重大的发现之一。

人类历史是宇宙史长河中的一滴水。

我们的宇宙有一个显著的特征：
无数大小不一的结构共生其中。

从最大处看，有星系和星系团，

小到各种不同类型的恒星和
形态各异的星云……

行星……

卫星……

……彗星。

地球上生长着各种各样的生物。

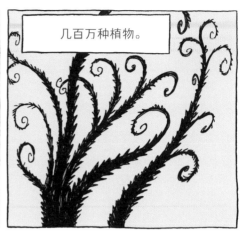

几百万种植物。

几百万种动物。

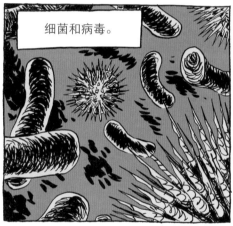

细菌和病毒。

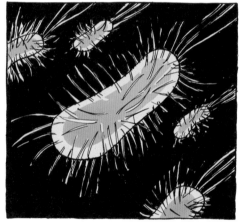
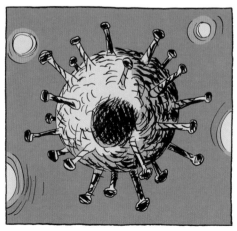
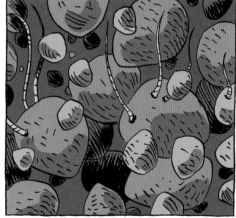

再往小处看，有微观世界中的大分子（例如 DNA、氨基酸……），

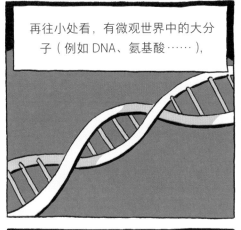

简单分子（例如水、氨、甲烷……），

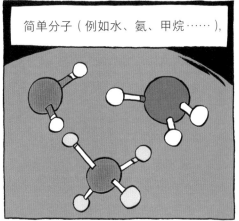

还有原子（例如碳、氮、氧、铁、金、铀……所有化学元素周期表上的元素）。

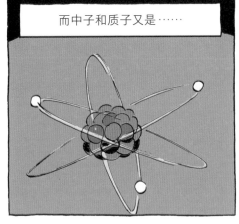

接下来是原子核、中子和质子，

而中子和质子又是……

由三种不同特性的夸克构成的。

如何将现在的宇宙与过去的宇宙进行对比？人们已经获得了一张宇宙早期的图片。这张图片来自绕地轨道上的空间望远镜，我们今天对早期宇宙状态的认知均来自这份珍贵的资料。那时的宇宙是混沌、没有结构的：没有星系，没有恒星，没有行星，没有原子核，没有分子，也没有生物。

我们可以将早期宇宙形容成一锅极度炽热的、黏稠的汤，其中充满了基本粒子：电子和夸克。

从这些图片中，我们可以看出原始宇宙与现今宇宙之间的巨大差异。宇宙的历史为我们讲述了它是如何从最初的混沌状态演化成如今拥有丰富层次结构的状态的。

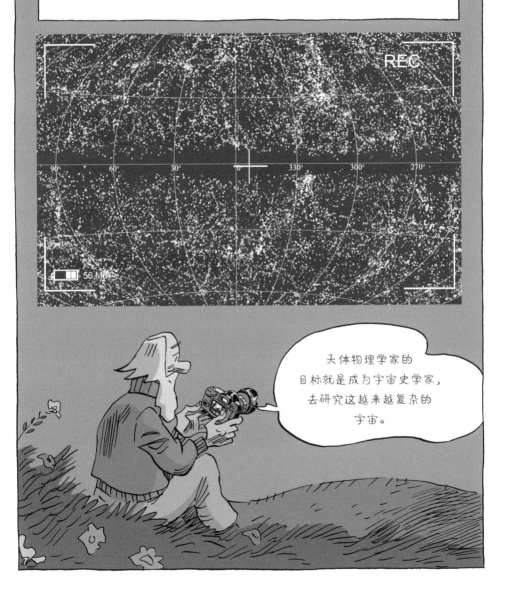

多亏了现代科学成果，

（我是一片云，不是对话框）

如今我们已经相当了解大自然的游戏规则……

了解这种演化的发生条件，

我们只需记住两个概念："创造性相遇"和"涌现性"（产生"新质"）。

它们会出现在下文的每一个演化过程中。

我们用"写作"打个比方，会更便于理解。

写作就是将字（字母）结合起来，

于是组成了词语。

星星不会奏出音乐

其次再将词语组合起来组成句子。

星星不会奏出音乐。星星会发声，但那可是巨大的轰鸣！

然后再以同样的逻辑组成段落。

星星不会奏出音乐。星星会发声，但那可是巨大的轰鸣！

不过，幸运的是，我们听不到这些声音，因为星体之间没有空气，声音无法传播。

星星对我们的影响远比我们想象的深远。关于这一点，我将在本书中试着为你做一番解释。

我们在阅读心爱的艺术家（无论他们是音乐家、画家，还是诗人）的传记时，经常会发现一个惊人的事实——这些艺术家中有许多人是在极其艰难的环境下进行创

作的。贝多芬晚年双耳失聪，以至于连自己创作的《第九交响曲》的重音都听不见。凡·高的精神状态急剧恶化。伦勃朗负债累累。

然后成章节……

我们来举个例子。

我依次说出字母 B、L、E、U*，

当我说出第四个字母，也就是 U 时，

你的脑海中会出现一幅图像：蓝色的（bleu）。

从无到有。

这个图像就从这四个字母按顺序的结合（创造性相遇）中涌现出来。

这就是"涌现性"的典型例子。

* 法语中的 bleu 意为蓝色的。

在早期宇宙，扮演字（字母）角色的是基本粒子，即夸克和电子。

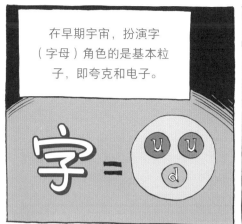

接下来，按照组织结构的等级，依次是原子核、

原子、

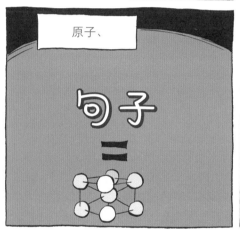

分子、

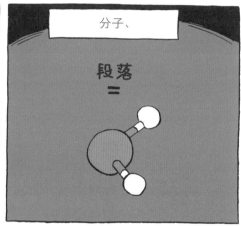

大分子、

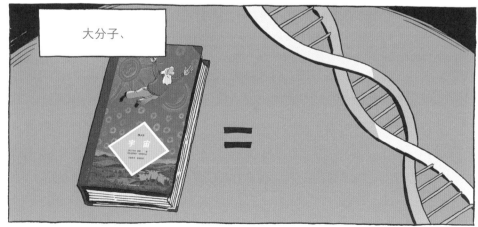

细胞、

有机生命体。

让我们以水分子为例。水分子由两种不同原子组成：氢和氧（创造性相遇）。水分子拥有两种组成原子都不具备的特性。水可以作为溶剂（新质），在生命系统的建立中起到了重要的作用。

同样，糖分子拥有其组成成分氢原子、碳原子和氧原子所没有的新质——为人所喜爱的甜味。

DNA 的成分是氢、碳、氮、氧和磷，它可组成基因组，引导我们的生命机能运作（了不起的新质!!!）。

从宏观上看，星系的相撞，

会产生新的星体。

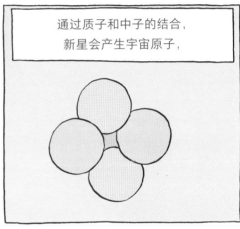

通过质子和中子的结合，
新星会产生宇宙原子，

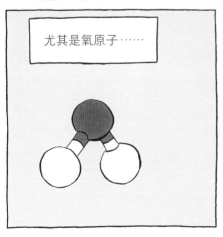

尤其是氧原子……

氧原子约占人体
质量的65%……

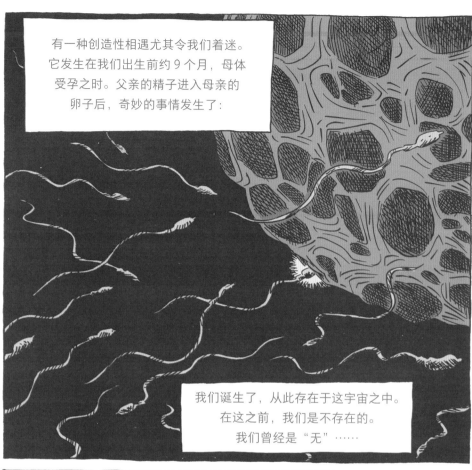

有一种创造性相遇尤其令我们着迷。它发生在我们出生前约 9 个月，母体受孕之时。父亲的精子进入母亲的卵子后，奇妙的事情发生了：

我们诞生了，从此存在于这宇宙之中。
在这之前，我们是不存在的。
我们曾经是"无"……

说到底，构成我们人类身体的是电子和夸克，其数量令人震惊：大约 1 后面跟着 29 个 0！

这些基本粒子早在宇宙之初便已存在。那时，它们还游离分散在炽热的宇宙浓汤中。

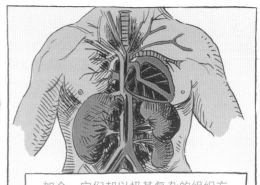

如今，它们却以极其复杂的组织方式联结于我们的身体之内。

从生物进化史来看，不论是在天上还是在地上，

就是这巨大转化的各个步骤，构成了我们的历史，谱写了人类的传记。

物理学、化学、生物学、地理学、心理学共同为我们解释了个中曲折。

我请你来做一个小练习。闭上眼睛，并在心里默念：

"我存在于天地之间。"

这样，你便实现了宇宙间最伟大的壮举之一，这比获得奥运会的金牌、银牌还要不易。

因为这一行为需要全体粒子的协同工作，其间产生的新质就是智慧和意识。

我们还认识到宇宙构成过程中大自然的另一个运行模式，这要感谢一位古希腊哲学家。

他叫德谟克利特，他经常说一些令人费解的话。

万物产生既是偶然的，也是必然的。

毫无道理。如果说是偶然的，那就不是必然的。

如果说是必然的，那便不是偶然的！

我们用了两千年才明白德谟克利特说的是对的。

现代科学、原子物理学以及确定性混沌理论让我们认识到德谟克利特的推论是多么有意义。

有一个例子可以帮我们理解他的推论。

雪花的例子。

物理定律决定了雪花有六个角。

它是对称的六角形。

所有的雪花都听从
同一指令，

但它们却可以呈现出千态万状。

水汽在潮湿的积雨云中
随机漂移，

在漂移过程中，冰晶凝结
形成各自的形态。

单一的必然性只能生成相同的东西，不免单调。

单一的偶然性只能生成混乱。

大自然同时运用这两者，这才生成了一个结构井然有序，同时又千变万化的宇宙。

这就是这个世界的创造力的秘密。

在生物进化史中，我们也发现了同样的构建模式。

蝴蝶注定要帮花儿授粉。

大自然大可以只设定这一个模式，

但这并不是它的行事方式。

大自然总是别出心裁、不拘一格。

这就是它创造力持久的秘诀之一。

音乐家利用声音——
拥有不同频率的声波。

画家利用色彩——
拥有不同波长的电磁波。

这些元素按照特定顺序排列组合就产生了新质。

可以是巴赫的大合唱或舒伯特的四重奏，也可以是维米尔或凡·高的画作。

作曲的规则随着时间的推移而变化。

巴赫时期的作曲规则与福雷或杜蒂耶时期的大不相同。

作曲规则限定了乐曲的大致走向，但不能完全决定它的最终内容。

巴赫为魏玛的教友们创作了超过 354 首声乐合唱，我们至今仍有幸听到它们。

如果规则对作曲有完全的决定作用，那么巴赫就只能创作出一首曲子，

他的作品也不会流传至今，很可能早就没人再听了……

现在，我们可以说一说艺术家的这种莫名的冲动了。

它推动艺术家创作，使其即使身处人生困境中也不停下脚步。

你走上了一条已经持续 140 亿年的轨道。

它主宰着宇宙复杂性的构成，

以及我们每一个人在宇宙中的降临。

而你，通过日常活动，延续了这项神圣事业：不断创造新的事物……

并且使世界变得更加美好。

这就是你在任何条件下都要投身创作的动力。

有位加拿大女作家*写了一
部题为《第八日》的小说。

作者以西方妇孺皆知的传说为
基础，重现了"七日创世"
的情节。

---

* 安东妮娜·马耶（Antonine Maillet, 1929— ），加拿大小说家、剧作家，曾获法国、加拿大诸多重要奖项和荣誉，
是首位获得龚古尔文学奖的非欧洲作家。

前六日，
依次出现了光、

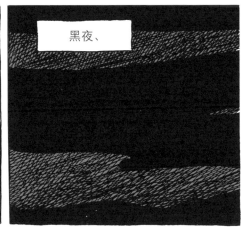

黑夜、

天空、

大地、

植物、

动物、

男人和女人。

第七日，"天地万物都造齐了"。可是，人类看着眼前的世界，却不怎么满意……

呃……就这？

就决定改善它。

因此，人类变成了"第八日的创造者"。

人类接手了未完成的宇宙工程，并继续美化它。

为了证实上述言论的正确性，我们只需回想一下：

巴赫、莫扎特、瓦格纳为世界之美增添一笔，为我们带来传世之作，其实也不过是四百年前的事。

他们就是"第八日的创造者"！

这个故事和其他美好的故事一样，

告诉我们一个道理：

我们每个人都有一个可发挥自身影响力的活动领域，

比如家庭、

职业、

社交圈，不论是大圈子还是小圈子……

在我们的整个一生中，

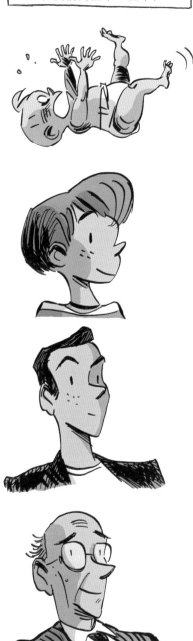

50

我们的行为总会产生结果，

好的，

或是坏的。

对自身行为的思考赋予我们在宇宙中的存在一层意义。

那就是努力让世界变得更美好。

拓展阅读

于贝尔·雷弗的推荐书目

让‑皮埃尔·卢米涅的《宇宙的命运》第一、二辑（Jean‑Pierre Luminet, *Le destin de l'Univers I, II*），《Folio essais》丛书，法国伽利玛出版社，2010 年出版。让‑皮埃尔·卢米涅在书中描绘了宇宙的发展历程，可以让读者很快了解宇宙的形成以及天体的湮灭——地球自身资源燃耗、太阳灭亡、行星爆炸、黑洞物质凝固、星系分解……直至整个宇宙无可避免的冷却。该书全面展现了当代天文学及宇宙学的现状。

于贝尔·雷弗的《给我家的孩子们讲宇宙》（Hubert Reeves, *L'Univers raconté à mes petits-enfants*），法国瑟伊出版社，2011 年出版。适合儿童的通俗科普读物。我们凝望苍穹，感受我们在天体间的存在，这激起了我们共同的欲望：渴望对我们置身其中的神秘宇宙有更多的了解。在这本写给孩子的书中，我要探讨的是科学，但也不排除诗歌。

于贝尔·雷弗的《天空中的耐心》（Hubert Reeves, *Patience dans l'azur*），法国瑟伊出版社，1981 年出版。本漫画中揭示的主题在这本书中都有详尽的描述和阐释。

达尼埃尔·卡萨纳韦的推荐作品

卜正民的《维米尔的帽子》（Timothy Brook, *Le Chapeau de Vermeer*），法国 Payot 出版社"小图书馆"系列，2010 年出版。年轻的历史学家卜正民从维米尔的五幅油画以及一件荷兰代尔夫特产的青花瓷盘入手，带我们进入画家的创作世界，从而窥探 17 世纪变动中的世界的实况。画家的住所中的物品揭示了全球化雏形：从这里出发，我们仿佛可以长途旅行至北美，甚至可以一路跋涉到中国。

美籍俄罗斯作曲家伊戈尔·斯特拉文斯基创作的芭蕾舞剧《春之祭》（Igor Stravinsky, *Le Sacre du Printemps*），安塔尔·多拉蒂（指挥），底特律交响乐团，DECCA 唱片公司。该剧创作于 1913 年 5 月 29 日，标志着一种当代音乐的诞生。再没有哪一个俄罗斯民间作品比《春之祭》更能启发我了，其音乐是我们谈论世界诞生时的最合适之选，其剧烈的节奏以及舞者疯狂的跳动都让我仿佛置身于火神伏尔甘的炼铁火山！

斯坦利·库布里克导演的《2001 太空漫游》（Stanley Kubrick, *2001: L'Odyssée de l'Espace*），1968 年上映。一部未来 - 形而上的芭蕾舞剧。我从青春期开始一直酷爱这部电影。虽然大家认为这是部科幻电影，但我始终觉得这是关于完全无法理解的宇宙诞生的终极作品。前所未有的拍摄手法、不可思议的电影配乐（理查·施特劳斯的《查拉图斯特拉如是说》、约翰·施特劳斯的《蓝色多瑙河》……）、骨头、黑色巨石、智能电脑、宽敞的浴室加上路易十五时期的家具……妙不可言！

图书在版编目（CIP）数据

宇宙 / (法) 于贝尔·雷弗编；(法) 达尼埃尔·卡萨纳韦绘；王晨雪译. -- 北京：中国友谊出版公司，2022.8（2024.1 重印）

（图文小百科）

ISBN 978-7-5057-5405-8

Ⅰ. ①宇… Ⅱ. ①于… ②达… ③王… Ⅲ. ①宇宙—普及读物 Ⅳ. ① P159-49

中国版本图书馆 CIP 数据核字 (2022) 第 022652 号

著作权合同登记号　图字：01-2022-0134

La petite Bédéthèque des Savoirs 2 - L'univers. Créativité cosmique et artistique
©ÉDITION DU LOMBARD (DARGAUD-LOMBARD S.A.) 2016, by Hubert Reeves, Daniel Casanave
www.lelombard.com
All rights reserved

本作品简体中文版由 欧漫达高文化传媒（上海）有限公司 DARGAUD GROUPE (SHANGHAI) CO., LTD. 授权出版
本简体中文版版权归属于银杏树下（北京）图书有限责任公司。

书名	宇宙
编者	〔法〕于贝尔·雷弗
绘者	〔法〕达尼埃尔·卡萨纳韦
译者	王晨雪
出版	中国友谊出版公司
发行	中国友谊出版公司
经销	新华书店
印刷	河北中科印刷科技发展有限公司
规格	880 毫米 ×1230 毫米　32 开
	2.375 印张　20 千字
版次	2022 年 8 月第 1 版
印次	2024 年 1 月第 2 次印刷
书号	ISBN 978-7-5057-5405-8
定价	48.00 元
地址	北京市朝阳区西坝河南里 17 号楼
邮编	100028
电话	（010）64678009

后浪漫《图文小百科》系列：